MANUEL-BERTRAND

GUIDE INDISPENSABLE

DU

TEINTURIER EN CHAPEAUX

QUATRE-VINGT-DIX FORMULES

DÉVOILANT TOUS LES SECRETS TENUS CACHÉS
JUSQU'A CE JOUR

PAR

PIERRE BERTRAND

BORDEAUX

IMPRIMERIE BORDELAISE J. LAMARQUE

Rue Porte-Dijeaux, 43

1870

MANUEL-BERTRAND

—✦—

GUIDE INDISPENSABLE

DU

TEINTURIER EN CHAPEAUX

———

QUATRE-VINGT-DIX FORMULES

DÉVOILANT TOUS LES SECRETS TENUS CACHÉS
JUSQU'A CE JOUR

PAR

Pierre BERTRAND

—◦✦◦—

BORDEAUX

IMPRIMERIE BORDELAISE J. LAMARQUE

Rue Porte-Dijeaux, 43

—

1876

PRÉFACE

———

Un savant chimiste français, en résumant les qualités que doit avoir un chimiste, recommande surtout le bon sens appliqué aux formules, leur simplicité et insiste pour que ceux qui se vouent à la science et aux arts utiles se défient des écarts de l'imagination, cette « folle du logis », comme disait Montaigne; qui ne peut fleurir qu'au détriment de l'attention et de l'exactitude que réclame impérieusement toute tentative, tout projet exclusivement et spéculativement professionnel. Qu'on ne s'attende donc point à trouver dans le MANUEL-BERTRAND quelques-unes de ces échappées de rhétorique où l'idée vagabonde court de la rose au lys.

« Ceci est œuvre de bonne foy » imposait Bernard de Palissy comme épigraphe au livre admirable qui résume et ses rudes labeurs et les difficultés dont fut hérissée la vie de l'illustre « ouvrier-potier. »

Notre travail aussi est un travail de bonne foi où nous avons tout sacrifié pour arriver au but unique de nos efforts, c'est-à-dire à mettre tous les artisans de la teinturerie chapelière à même de se créer chacun, et soi-même, une *physique tinctoriale*, peu coûteuse et facile à établir pour, à des prix relativement fabuleux de bon marché, obtenir une série inépuisable de teintes, pour la teinture en foule ou en cloche, des poils, des feutres, de la paille.

Les seules recettes consacrées aux *noirs* valent dix fois le prix de l'ouvrage, et ce que la vulgarisation des secrets de manipulation et d'amalgames doit produire, n'est rien moins qu'une révolution économique destinée à favoriser tous les fabricants et à leur assurer les bénéfices dont jouissait, jusqu'à présent, le monopole onéreux des teinturiers toujours attentifs à cacher leurs procédés.

Notre ouvrage divulgue tous ces procédés et la « manière de s'en servir » est à la portée de tout le monde.

Nous obtenons déjà la récompense à laquelle nous tenions le plus, dans le très grand nombre de demandes qui nous sont faites et dans les flatteuses adhésions des maisons les plus importantes d'Europe et d'Amérique. Nous avons été compris ; on a vu dans notre entreprise un élan philanthropique plutôt qu'une spéculation personnelle et nous ne saurions cacher combien nous sommes heureux d'avoir été si vite et si bien apprécié dans notre désintéressement.

Le MANUEL-BERTRAND est désormais accepté comme le *vade-mecum* du teinturier en chapellerie, et nous ne formons qu'un vœu, c'est qu'on le trouve bientôt dans tous les ateliers sans exception, où sa place est marquée comme un bréviaire indispensable.

Nous ne nous étendrons point sur les observations relatives à la main-d'œuvre ; on les trouvera concises, claires, à tous intelligibles, en tête de chaque *physique* nouvelle et si, par hasard, quelque point obscur restait, nous serons toujours à la disposition de ceux de nos souscripteurs qui voudraient nous consulter par correspondance.

Dans l'attente d'être ainsi en relation avec eux, nous les prions d'agréer l'assurance de tout notre dévoûment.

P. BERTRAND,

139, Rue du Tondu.

MANUEL-BERTRAND

Teinturerie spéciale pour la Chapellerie

I.

L'ATELIER.

Pour mener à bonne fin n'importe quelle exploitation industrielle, il s'agit, avant tout, de se préoccuper de l'emménagement et de l'outillage. En matière de teinturerie, il faut apporter surtout beaucoup de soin au choix des ustensiles, à la disposition de l'atelier, de façon à garantir la propreté des opérations et la rapidité de leur exécution. Cette rapidité est la première économie qu'on réalise, parce que, comme disent les Anglais : le temps c'est de l'argent, *Times es money*.

A ce propos et pour ne pas retarder par d'inutiles digressions le but que nous voulons atteindre, nous allons entrer tout d'un coup, de pied ferme et d'œil vigilant, dans la nomenclature des objets nécessai-

res, à la teinture, aux apprêts, à la composition des
matières colorantes, etc.

MATÉRIEL : — 1° Une chaudière en cuivre, ceintrée et
ronde dans le fond, d'une contenance de quarante
litres de liquide, et dans laquelle on pourra teindre
une douzaine de chapeaux ou un kilo de poil ;

2°. Une chaudière de même forme pour trente
litres et qui servira au relavage ;

3° Pour les entreprises considérables, on aura une
chaudière d'une capacité de deux cent vingt-cinq à
deux cent cinquante litres dans laquelle on mettra
aisément cent chapeaux ;

4° Une chaudière plus petite de quinze à vingt litres, de même forme et en cuivre ;

5° Une marmite en fer blanc, solidement soudée
pour la dissolution des apprêts ;

6° Un cassin ou grande cuillère en cuivre contenant cinq ou six litres avec manche de bois d'un
mètre de long ;

7° Deux seaux en bois de dix litres qui permettront
de juger du chargement liquide des chaudières ;

8° Deux tamis en cuivre à petites mailles, l'un
pour le poil et l'autre pour couler le bois ;

9° Un tamis en soie à trame serrée pour passer les
produits chimiques ;

10° Un mortier et son pilon en fonte ;

11° Un matras pour les dissolutions de *violet* et
d'*écarlate* ;

12° plusieurs baquets réservés pour les *noirs*, pour
les *havanes, castors* et *marrons* et pour les nuances

de fantaisies. Il est essentiel de réserver à chaque groupe de baquets son affectation aux teintes différentes ;

13º Des bâtons pour chaque nuance ;

14º Des chevilliers ou séchoirs pour les *noirs*. Il serait inutile d'en garder pour les autres couleurs, puisqu'en sortant les chapeaux de la chaudière on les trempe immédiatement dans l'eau froide, dans les baquets affectés à leur teinte ;

15º Fixer sur une table trouée, pour le fond du chapeau, un rond en cuivre pour les bords ;

16º Deux pinceaux, un pour les bords, l'autre pour les fonds ;

17º Un roulet ;

18º Deux ou trois formes calculées sur les différentes grandeurs d'entrée de tête ;

19º Une potence ;

20º Un baquet spécialement gardé, toujours propre pour aviver les *gris-bleutés* et les *giselles ;*

21º Un panier en fil de fer pour la dissolution des extraits.

II.

CHIMIE DES APPRÊTS,

—

1º Apprêt impert nº 1.

Comme je peux garantir à un gramme près, le dosage des substances à employer soit pour les apprêts, soit pour la teinturerie, j'ai l'honneur de prier MM. les Fabricants de se conformer exactement à mes formules.

On obtient l'apprêt n° 1, en mettant dans la marmite en fer blanc : deux litres d'alcool à 92°. (1)

1^k » » gomme laque blonde ou brune, ⎫
400³ colophane,   ⎬ en poudre.
200   sandaraque,   ⎭

Laisser macérer pendant vingt-quatre heures. — Le lendemain, on met ces substances à dissoudre au bain-marie dans la chaudière à relaver. — Avoir soin de constater que la dissolution est parfaite. Avoir bien soin aussi de surveiller l'ébullition de l'alcool, qui ne doit pas dépasser demi-heure. Remuer avec un bâton, et éviter qu'il n'extravase. L'opération faite, et l'apprêt froid, on le divise en deux parties que l'on verse chacune dans une terrine en terre ; l'une, délayée avec de l'alcool, et qui devra garder une épaisseur supérieure à l'autre, servira pour les têtes, et l'autre, plus étendue d'alcool, sera mise de côté pour les bords.

Quand nous parlions des gommes laques, brune ou blonde, c'est que cette dernière doit être réservée pour les *gris-clairs* et les *giselles*.

Ce mode d'apprêt est supérieur à tous ses similaires et l'évaporation alcoolique est insignifiante pour le prix de revient.

APPRÊTAGE. — Pour apprêter le bord, le dessous

_____

(1) On peut remplacer l'alcool par du *myllène* (esprit de bois).

et le lien, donner trois couches au pinceau; étendre l'apprêt uniment, le faire entrer soit à la main, au roulet ou à la presse. Surveiller que les couches soient aussi régulières que possible, autant sur les bords que sur la tête. Pour le relavage, attendre que l'apprêt soit bien sec; deux heures d'étuve suffisent.

Opérer le relavage dans la chaudière de trente litres, en ajoutant à l'eau 500 grammes de cristaux de soude et n'y rien mettre de plus, les corrosifs généralement employés, altérant profondément le feutre. Que la chaudière soit maintenue en ébullition qui peut durer deux minutes par chapeau. Qu'on ne trempe le bord que jusqu'au lien. En sortant les chapeaux, bien les secouer, de façon à faire tomber toute la partie alcaline du bain qui emporterait la superficie de l'apprêt. Détournez le chapeau et trempez-le en prenant la tête du côté où il n'y a pas d'apprêt, q· i est *l'endroit,* pour en extraire les piqûres invisibles qui reparaîtraient au fer.

Pour aviver les *gris* et les *giselles,* faites fondre 100 ou 150 grammes de sel de saturne dans un demi-baquet d'eau presque froide, tremper et sécher sans laver.

2° Apprêt impert n° 2 *(sans relavage.)*

Le procédé n'est pas très-sensiblement modifié quant à la manipulation.

On prend :

1ᵏ200ᵍ gomme laque blanche ou anglaise que

l'on pulvérise et que l'on fait sécher dans l'étuve, une fois en poudre, pour lui enlever toute son humidité qui l'empêcherait de fondre,

» 400ᵍ orcanson ou colophane écrasée,

» 200 sandaraque en poudre.

Faire dissoudre au bain-marie, dans deux litres d'alcool bien pur à 92°. Laisser ensuite bouillir pendant quarante-cinq minutes et laisser refroidir. Appliquer au pinceau, seulement au-dessous du bord, et faire entrer l'apprêt par les moyens ordinaires. Imbiber une éponge d'alcool, la presser et la passer sur l'apprêt pour en enlever la superficie ; la passer dessous et également dessus, bien que cette partie n'ait pas été apprêtée. Finir la tête avec l'apprêt n° 1. Le chapeau, après cette opération, ne semble pas apprêté ; il ne prend de consistance qu'au séchage à chaleur vive.

Observer que la gomme laque soit bien fondue, dût-on la laisser infuser de 24 à 48 heures dans l'esprit-de-vin.

Si, ce qui est rare, mais peut arriver, la couleur du poil teint venait à céder sous l'action alcoolique, on laissera sécher le chapeau, puis on le passera à l'eau chaude, ensuite à l'eau tiède, dans laquelle on ajoutera quelques gouttes de l'acide qui aura servi au foulage. La nuance reprendra aussitôt sa vivacité première.

N'employer jamais que des alcools purs et posés au degré (92°).

3° Séparation de la Couperose du Vitriol.

Remplir entièrement une marmite en terre et vernie de couperose verte *(sulfate de fer)*, la mettre à sec sur le feu dont l'action ne tardera pas à faire fondre la couperose. Après un bouillon de trente minutes et après avoir eu soin de remuer la fusion avec un bâton, on arrêtera le feu et on laissera reposer 1/2 heure ; la clarification s'opérera toute seule par le refroidissement. On enlèvera toute la partie claire qui surnage et ne vaut rien et l'on conservera le sédiment épais et si dur que souvent on est obligé de briser le vase pour l'avoir. Réduire en poudre au mortier.

Un kilo de cette couperose remplace avantageusement deux kilos de celle des droguistes et le vitriol est absorbé.

III

TEINTURE DES CHAPEAUX EN CLOCHE

—

Ici se présente une observation. Il est important pour tous mes procédés de teinture de donner le temps nécessaire et fixé en chiffres horaires à la dissolution froide ou ignée de mes produits principaux, avant d'ajouter les mordants qui tournent le bain, tels que l'alun, la crème de tartre et l'acide pour les

nuances de fantaisie et le verdet, la couperose, le pyrolignite de fer et la couperose bleue pour les chapeaux noirs.

Faire attention de bien mettre les drogues dans
l'ordre indiqué par nos formules ; enfin, en suivre
aveuglément l'ordonnance.

On doit entendre, en teinture, par le mot *bouillir* le
moment de l'opération où le liquide en s'agitant à
la surface éjectera des globules aux parois de la
chaudière et autour des chapeaux.

4° **Noir brillant** *(30 seaux d'eau, 100 chapeaux
grande dimension.)*

Ce noir est d'une beauté inaltérable et, même en
vitrine, la nuance ne réflète jamais en *vert*. Nous le
recommandons particulièrement. Pour l'obtenir, on
fait fondre dans l'eau au bouillon :

$$150^g \text{ carmin d'indigo,}$$
$$30 \text{ bleu de Lyon soluble (E.-S.)}$$
$$25 \text{ alun raffiné,}$$
$$1^k \text{ » extrait de campêche,}$$
$$400 \text{ tartre rouge.}$$

Donner deux plongées de 1/2 heure chaque pour
les unir sur le fond de bleu. Les chapeaux doivent
sortir du bain bleu-foncé.

Sur le même bain, additionnez :

$$2^k \text{ » extrait de campêche,}$$
$$500^g \text{ orseille,}$$
$$200 \text{ extrait-jaune.}$$

Le tout fondu, mettre ensemble :

> 200ˢ vitriol bleu,
> 400 verdet,
> 200 Salzbourg,
> 1ᵏ   » couperose naturelle,
> 8 litres pyrolignite.

Brasser le bain, mettre les chapeaux pendant deux plongées d'une heure chaque. Avant de donner la troisième plongée, on ajoutera :

> 2 litres pyrolignite,
> 1ᵏ mélasse.

Donner deux nouvelles plongées d'une heure, en tout, quatre. Laisser bien éventer et, si l'on veut, on donnera une dernière plongée.

On pourrait décuivrer au besoin avec l'acide sulfurique étendu d'eau. Rincer soigneusement à l'eau.

4º (ᵇⁱˢ) Noir extrà (*24 seaux d'eau pour 100 chapeaux.*)

La veille de la teinture faire tremper :

> 16ᵏ » bois de campêche (1),
> 3   » bois jaune,
> 1 500ˢ galle d'Alep pilée,
> 1   » mélasse,
> 1   » graine de lin, au lieu de far. de lin.

---

(1) Le bois de campêche est préférable à l'extrait; on peut cependant employer l'un ou l'autre ou l'un et l'autre à dose égale. S'assurer que le bois est bien sec. Souvent les

Le lendemain, on laisse bouillir pendant 1 h. 1/2. On sort le bois avec le cassin et on fait le plein avec de l'eau pour remplacer ce que l'évaporation a fait perdre.

Mettre dans un baquet deux seaux de ce bain bouillant en y ajoutant :

1ᵏ200ᵍ de verdet en boule et bien écrasé aupavant. Ensuite :
8 litres de pyrolignite de fer,
500ᵍ couperose calciné en poudre ou 1200 couperose brute.

Brasser attentivement le bain avec le cassin et faire attention, qu'à chaque plongée, le liquide doit être en ébullition.

Mettre les chapeaux pendant une heure dans la chaudière et les éventer à la sortie.

A la troisième plongée, additionner de :

200ᵍ vitriol bleu qu'on fait fondre dans le cassin.

Brasser activement, donner deux nouvelles plongées d'une heure chaque, ce qui en porte le nombre total à cinq ; les trois dernières interrompues par une exposition à l'air de quinze minutes. Remuer les chapeaux dans la chaudière, de dix minutes en dix minutes, et les laver à la brosse.

---

droguistes le mouillent pour en augmenter le poids et cette humidité pourrait faire manquer l'opération.

Le campêche d'Espagne est celui qui renferme le plus de matière colorante.

Ce *noir* sera particulièrement magnifique et jamais ne sera cuivré.

On laissera reposer le bain vaquant pendant vingt-quatre heures et on n'en conservera que la partie claire, abandonnant le dépôt épais. On la transvasera dans un tonneau pour remplacer, à chaque opération, le manquant de la chaudière et pour, à chaque plongée, alimenter avec deux ou trois cassins.

Ceux qui désireraient opérer avec moitié bois, moitié extrait mettront :

8^k bois de campêche.

1 extrait.

Ceux qui n'emploieraient que l'extrait en prendront :

$2^k 500^s$

» 300 extrait de bois jaune

pour le bain de 100 chapeaux. Les autres détails de l'opération doivent être observés de point en point comme dessus.

Pour les chapeaux ordinaires, on peut substituer à la galle d'Alep, la galle légère de pays qui ne coûte que 0,30 c. le kilog.

OBSERVATION essentielle, mais qui n'est applicable qu'aux bains noirs :

On devra s'assurer de la qualité de l'eau qui, si elle est crue, doit être corrigée par une addition de 150^s de cristaux de soude qu'on jettera dans la chaudière en y mettant le bois à tremper.

Pour connaître la crudité de l'eau, il suffit d'y plonger quelques copeaux de savon de Marseille;

s'il y fond, l'eau est douce, elle est bonne ; si le savon se forme en paillettes ou grumeaux, l'eau devra
être corrigée par les cristaux de soude.

5° Noir chromate *(50 chapeaux, 12 seaux d'eau).*

Cette teinture s'opère en deux bains et dans deux
chaudières, une pour chaque bain.

1er bain, pour les grands chapeaux :.

> 1ᵏ 200ˢ extrait de campêche.

Pour les petits :

> 1ᵏ *idem.*

Pour les uns et les autres :

> 300ˢ galle d'Alep pilée,
> 50 extrait de bois jaune.

Faire bouillir pendant environ 40 ou 50 minutes.
Fondre séparément :

> 400ˢ verdet en boule, écrasé,

le mettre dans la chaudière avec

> 400ˢ de mélasse (bien brasser).

Donner trois plongées d'une heure chacune ;
après chaque plongée, les sortir, avoir soin de les
tourner pendant 10 minutes à chaque plongée, en
surveillant de tenir le bouillon jusqu'aux globules ;
à la dernière plongée, ils sortent du bain avec une
couleur marron sâle. Si l'on désire une couleur ti-

rant sur le *noir bleu*, on mettra moitié moins d'ex‑
trait de bois jaune.

Ce bain peut servir pour les chapeaux supérieurs,
et, si l'on veut l'employer pour les chapeaux ordi‑
naires, on n'aura qu'à diminuer de la moitié de son
poids chaque dose, soit

Extrait de campêche, 600ᵍ au lieu de 1200, etc.

2ᵉ bain, dans une seconde chaudière, fondre dans
le cassin et y précipiter :

200ᵍ chromate de potasse.

Le bain étant tiède, y mettre les chapeaux pen‑
dant 30 minutes et arrêter le feu au moment du bouil‑
lonnement; éventer les chapeaux 15 minutes; les
remettre pendant 30 minutes dans le bouillon en
ébullition, les laver et les dresser quand ils ont sé‑
ché à l'air.

Si le noir était cuivré, mettre, dans 6 litres d'eau
froide, un verre à liqueur d'acide sulfurique; lustrer
à la brosse, repasser immédiatement à l'eau froide.

On obtiendra le plus beau noir désirable, solide et
onctueux.

7° Nuances de fantaisie.

OBSERVATION GÉNÉRALE ESSENTIELLE. — Pour toutes
les nuances de fantaisie, il faut, avant tout, dès que
les chapeaux sortent de la chaudière, les passer à
l'eau froide dans des baquets spécialement affectés à
chaque nuance et rigoureusement tenus dans le plus
grand état de propreté.

Ballonner les chapeaux, c'est prendre chaque chapeau par le bord impert en le sortant de la chaudière et le tremper dans l'eau froide, afin que l'air captif dans la tête lui donne la forme ronde ou ballonnée de partout.

On passe ensuite entièrement dans l'eau pour refroidir.

On peut remplacer ce lavage, qui est assez long, en mettant les chapeaux sur des claies affectées à chaque nuance.

Pour être sûr que les extraits à dissoudre et toutes autres drogues ne se collent pas au fond de la chaudière et y forment un résidu qui retarderait ou gênerait l'opération, on les enferme dans un panier à mailles serrées, en fil de fer ou de cuivre, et qu'on suspend dans le liquide jusqu'à parfaite dissolution.

8° Marron anglais *(nuance riche).*

Pour 50 chapeaux, on fait tremper dans 16 sceaux d'eau, la veille de la teinture, et toute la nuit :

4ᵏ d'orseille,
2 500ˢ fustel.

Le lendemain, on ajoute :

500ˢ extrait de bois jaune,
700 de garance,
300ˢ curcuma,
175 cochenille préparée ou en pastilles et fondue d'avance.

Faire bouillir pendant une heure et demie, enlever le bois avec le cassin et ajouter au bain :

200ˢ crême de tartre,
200 alun raffiné.

Opérer deux plongées d'une heure chaque ; passer les galettes à l'eau froide en les sortant de la chaudière qui ne doit bouillir qu'à petit feu, en ayant eu soin de remuer toutes les dix minutes.

Après la deuxième plongée, faire fondre dans le cassin :

250ˢ carmin d'indigo tamisé,
80 de composition brute d'indigo.

Ajouter au bain primitif et donner trois nouvelles plongées d'une heure.

Si, en sortant, la teinte paraît trop rouge et qu'on la désire plus ou moins foncée, on mettra, après la plongée des indigos, trois ou quatre litres de pyrolignite de fer; si l'on veut faire tourner au *marron foncé*, on fera fondre 250 grammes d'extrait de campêche que l'on ajoutera au bain avant d'y introduire le pyrolignite.

9ᵗ Marron doré ou alezan au chromate.

Pour 24 chapeaux, 16 seaux d'eau. — Le premier bain, bain mordant, se compose ainsi :

60ˢ chromate de potasse,
20 vitriol bleu,
50 couperose calcinée.

Chaque substance est fondue séparément et mise dans la chaudière. Dès que le bain est en grande ébullition, on y plonge les chapeaux qu'on y laisse pendant 30 minutes; en les retirant, on les passe à l'eau froide, et quand ils sont égoutés sur des claies bien propres (1), on les replonge pendant une nouvelle demi-heure. On les ballonne, on *les brosse dessus et dessous dans l'eau froide*, jusqu'à ce qu'ils soient parfaitement propres.

Pendant ce temps, on nettoie à fond la chaudière, on la remplit d'eau propre, et on y précipite :

$1^k 500^g$ de fustel,
1 500 cachou,
100 extrait de campêche,
50 curcuma,
50 sandal.

On fait bouillir pendant une heure ardemment; on passe le bain au tamis, on le remet dans la chaudière, et on ajoute 100 grammes d'alun raffiné. On donne trois plongées de 30 minutes en bain bouillant; après chaque plongée on passe les chapeaux légèrement à l'eau froide.

Cette opération demande les plus grands soins de propreté, tant dans la chaudière que pour le baquet et le bâton, qui ne doivent en rien se sentir de l'action des drogues du premier bain.

La même nuance *(doré anglais)* s'obtient en sup-

---

(1) Ces claies doivent être spécialement réservées au *marron* et leur emploi évite le passage à l'eau.

primant le curcuma, en réduisant d'un quart de son poids le fustel, et en augmentant le sandal de 50 grammes.

10° Le *marron foncé* se produit par le même procédé avec une simple addition de 100 grammes extrait de campêche.

11° Le *havane*, en réduisant toutes les doses de moitié.

12° Le *noisette*, en les réduisant au quart de leur poids.

Il faut toujours se reporter, pour ce fractionnement de dose, à la recette du deuxième bain. Cette recette pour laquelle les mordants ne doivent jamais varier, peut produire les nuances les plus brillantes et les plus solides par le même bain : *havane, noisette, marron-alezan, marron-anglais, marron-foncé,* au besoin; elle porte beaucoup d'économie.

OBSERVATION. — Il ne faut jamais mordancer les chapeaux la veille pour les teindre le lendemain; ils seraient mal unis.

13° Gros bleu (*24 chapeaux, 12 seaux d'eau*).

1er bain : Faire bouillir pendant 30 minutes :

2ᵏ d'orseille.

Avec 10 litres de ce bouillon, faire fondre

400ᵉ d'alun raffiné.

Faire deux plongées de 30 minutes chacune et chaque fois, passer à l'eau froide, d'où ils doivent sortir *rouge-vif.*

Changer le bain et nettoyer la chaudière, en conservant le liquide qui peut servir pour certains *marrons*,

2° *bain* : La chaudière étant servie d'eau, y mettre :

800ᵍ extrait de campêche,
500 carmin d'indigo fondu,
300 couperose calcinée,
20 vitriol bleu.

Faire trois plongées de 30 minutes en bain bouillant, et, chaque fois, passer à l'eau froide.

Si on le veut, on peut, pour la troisième plongée, ajouter à la solution précédente 10ᵍ de bleu de Lyon, soluble, et un demi-verre à liqueur d'acide sulfurique, étendu d'eau ; la durée de la plongée reste la même.

14° **Bleu noir** (*24 chapeaux, 10 seaux d'eau*).

Prendre et mettre en solution à feu ardent :

100ᵍ carmin,
25 bleu de Lyon soluble,
100 alun raffiné.

Donner deux plongées de 30 minutes chacune, en ayant bien soin que la chaudière soit en ébullition. Ajouter à ce bain :

500ᵍ extrait de campêche,
100 vitriol bleu,
4 litres pyrolignite.

Faire deux nouvelles plongées d'une heure chacune, un peu plus, un peu moins, suivant la nuance qu'on veut obtenir, *bleu noir clair* jusqu'à l'extrême foncé. S'ils cuivraient une fois secs, on les passera dans une eau acidulée, comme il a été indiqué pour les *noirs*.

15° **Bleu impérial** (*12 chapeaux, de 4 à 5 seaux d'eau*).

Mettre dans la chaudière :

250ᵍ orseille,
 60   carmin d'indigo.

Faire bouillir un quart d'heure et ajouter :

30ᵍ alun raffiné,
25   crême de tartre.

Donner deux plongées de 15 à 20 minutes sans plus et passer à l'eau chaque fois.

Fondre à part, à l'eau chaude :

100ᵍ bleu soluble de Lyon

et y ajouter un verre à liqueur de vitriol ou d'acide sulfurique étendu d'eau.

On donnera deux plongées de 30 minutes chaque, et on ballonnera pour cette opération. Plus on forcera en *orseille*, plus on obtiendra un fond violet. En *carmin* un fond en *bleu terne foncé*, en *bleu de Lyon* seul, en *bleu clair vif*, ayant soin d'y mettre toujours du vitriol pour que le bleu se fixe solidement.

Il faut que le bain soit constamment en ébullition pour bien foncer ce beau bleu.

Sur le même bain, après les deux dernières plongées, on coulera dans la chaudière

200ᵍ extrait de campêche,
80 vitriol bleu.

On obtiendra, par ce moyen, un bleu vif et très-foncé. On replongera deux fois, de demi-heure en demi-heure, suivant qu'on désirera aviver plus ou moins la nuance.

16° Noisette foncé (*12 chapeaux, 5 seaux d'eau*).

On fera bouillir ensemble, pendant trois quarts d'heure :

250ᵍ fustel,
200 bois jaune,
100 garance,
100 sandal,
400 orseille,
25 quercitron.

L'ébullition étant exactement à la durée indiquée, on ajoutera :

20ᵍ composition brute d'indigo,
30 alun raffiné,
20 crème de tartre.

On donnera deux plongées de trois quarts d'heure et on passera à l'eau.

On ajoutera au bain :

> 60ˢ extrait de campêche,
> 1ʲ4 de litre de pyrolignite de fer,

fondus ensemble. On donnera deux plongées de 30 minutes, on passera à l'eau. On peut remplacer, à volonté, la composition brute d'indigo par du carmin d'indigo.

17° Gros vert (*12 chapeaux, 5 seaux d'eau*).

Faire ébullitionner pendant 30 minutes :

> 1ᵏ » bois jaune,
> » 300ˢ orseille,

ajouter :

> 50ˢ alun raffiné,
> 50 crème de tartre,

y ajouter :

> 150ˢ composition brute d'indigo.

Deux plongées de demi-heure avec passage à l'eau et mettre dans le bain :

> 300ˢ couperose verte,
> 100 orseille.

Deux nouvelles plongées de demi-heure et passage à l'eau.

Tenir le bain bouillant et remuer toutes les cinq minutes.

Plus on tiendra la dose de couperose et d'orseille et plus vite on arrivera au *vert foncé* et *pourri*. Il est

facultatif de remplacer la couperose par le pyrolignite, et, si l'on désire le *vert le plus foncé* possible,
on ajoutera :

200ᵍ extrait de campêche

Suivant la teinte définitive qu'on veut obtenir, et
il est facile de la faire à son gré, on additionnera de
25 à 30ᵍ de carmin d'indigo. Ne pas confondre avec
d'autres similaires.

18° Vert bronze au chromate (*24 chapeaux, 10 seaux
d'eau*).

1ᵉʳ bain (mordant) :

Fondre en liquide bouillant

100ᵍ chromate

Y plonger les chapeaux pendant demi-heure, les
retirer et les passer à l'eau et changer entièrement le
bain.

2ᵉ bain :

Mettre dans la chaudière chargée :

    1ᵏ   » de gaude,
    300ᵍ de fustel,
    300 extrait de bois jaune,
    700   — de campêche.

Donner deux plongées de 30 minutes ou plus, suivant le degré de la nuance qu'on désire, et qui s'obtient très-vite avec cette ordonnance. Passer à l'eau

Avec ce procédé on obtiendra tous les *verts-bronze* possibles.

19° En modérant l'extrait de campêche, on aura un *vert plus tendre* et un *vert-roussi*, en additionnant de :

100ᵍ de sandal.

Tenir le bain bouillant pendant l'opération, remuer de temps en temps et surveiller la nuance qu'on désire exactement, si l'on ne veut pas la laisser arriver au *noir-vert*.

20° Grenat, *(12 chap., 5 seaux d'eau.)*

Mettre ensemble :

600ᵍ orseille,
200 bois jaune,
200 sumac de Sicile.

Faire bouillir demi-heure et ajouter .

25ᵍ carmin d'indigo.
100 alun raffiné.

Donner deux plongées de demi-heure; passer à l'eau et ajouter au bain :

100ᵍ extrait de campêche d'Espagne,
600 orseille,
25 grenadine soluble que l'on fait dissoudre à part dans un petit vase; tamiser.

Faire bouillir ces drogues pendant demi-heure et y ajouter après avoir fait fondre :

5ᵍ oxyde muriaté d'étain et .
20 goutes acide muriatique.

Deux plongées de demi-heure dans le bain bouillant et passer à l'eau chaque fois.

21° Gris-ardoise *(12 chap., 5 seaux d'eau.)*

Mettre :

60ˢ orseille,
200 plombagine noire,
10 composition brute d'indigo,
10 extrait de bois jaune.

Faire bouillir pendant 10 minutes et ajouter :

25ˢ alun raffiné,
25 crême de tartre.

Tenir le bain en ébullition, et y passer les chapeaux pendant un quart d'heure. Ils doivent sortir légèrement bleus. Les repasser encore un quart d'heure pour les unir. Passer à l'eau froide. On ajoutera la moitié d'un verre à liqueur de vitriol étendu d'eau et :

50ˢ orseille fondue,
10 fuschine grise.

Remettre les chapeaux dans la chaudière bouillante et remuer sans interruption et surveiller la teinture; il faut que le rouge couvre un peu le bleu, ce qui fait le joli *gris-ardoise.*

22° Monloff *(12 chap., 5 seaux d'eau.)*

Faire bouillir pendant quinze minutes :

40ˢ bois jaune,

200 plombagine marron ou même quantité
de sanguine en poudre,
25 orseille,
40 plombagine noire.

Ajouter un verre à liqueur de vitriol étendu d'eau, et faire deux plongées en bain bouillant d'un quart d'heure chacune ; remuer, passer à l'eau, dresser et sécher à l'ombre.

OBSERVATION. — Ne brosser les chapeaux que secs et dressés.

23° Avenir n° 1 *(12 chap., 5 seaux d'eau.)*

Tenir en ébullition pendant un quart d'heure :

40 terre de Cologne,
40 garance,
40 cachou pilé,
10 quercitron,
10 orseille (ajouter un demi-verre à
liqueur de vitriol étendu d'eau
froide.)

Faire une plongée de 15 à 20 minutes; tenir le bain en pleine ardeur. — Remuer assidûment et passer immédiatement à l'eau froide. Observer que les drogues soient bien liées et fondues.

24° Avenir n° 2 *(24 chap., 16 seaux d'eaux.)*

Pendant 15 minutes, on fera bouillir sans interruption :

80 terre de Cologne,

80ᵍ garance,
80 cachou pilé,
15 quercitron,
25 orseille (ajouter un demi-verre à
liqueur de vitriol étendu dans l'eau
froide.)

Tenir l'ébullition et y plonger les chapeaux pendant dix minutes, en ayant soin de remuer. Passer à l'eau; replonger pendant dix autres minutes. Plus on dosera le vitriol, plus la teinte sera jaune. Si on la désire dorée, on mettra dans une bassine de l'eau bien chaude dans laquelle on fera dissoudre

50ᵍ de Roccou.

Passer les chapeaux dans cette eau sans les laver. Faire sécher à l'ombre. (S'assurer que les ustensiles sont de la plus grande propreté.)

IV

TEINTURE EN FOULE

—

OBSERVATION qui s'applique à toutes les formules quelle que soit la nuance :

25. Que l'on prenne les bastissages six par six ou quatre par quatre, quel qu'en soit le nombre 12 ou 24; les fouler tour à tour, et changer tous les quarts d'heures, afin d'obtenir une nuance bien égale. Les

laisser tous à un doigt de rentrée et les faire bouillir ensemble 15 minutes. Les mettre à la taille et les faire rebouillir encore 20 minutes, en ayant bien soin de remuer sans cesse; les sortir et les égouter au roulet. Prendre une autre foule ou bien laver à fond celle-ci, la remplir d'eau pure, et y ajouter le même acide qui a servi au foulage, en constatant que l'eau est toujours légèrement acidulée, pour le dressage.

Dissoudre toujours l'extrait dans l'eau bouillante et renfermé dans un panier en fil de fer à mailles serrées, et que l'on suspend au centre du liquide en ébullition. (1)

26° Noir-bleu *(12 chapeaux.)*

Dans la foule ou dans une chaudière chargée d'eau, faire bouillir pendant 30 minutes :

$1^k 200^g$ d'orseille.

Couler le bain en le passant au tamis pour enlever la grappe, remettre dans le vase (foule ou chaudière) le bain clarifié et y faire fondre :

300^g composition brute d'indigo,
500 carmin d'indigo,
60 bleu de Lyon soluble (E.-S.)
50 verdet-gris fondu,
200 couperose calcinée,
1^k » » plombagine noire,
100 alun raffiné.

Ne pas mettre de vitriol, puisque la composition

---

(1) En modérant tout dosage, on peut obtenir les nuances claires qu'on désire.

en contient; dresser, et pour le foulage se rapporter aux observations précédentes.

27° Bleu de France (*12 chapeaux.*)

Faire fondre dans la foule :

        500ᵍ carmin d'indigo,
        100 bleu de Lyon soluble (E.-S.)
        150 bleu de Prusse, préalablement dis-
                sout dans 25 centilitres d'eau,
        50 alun raffiné,
        80 couperose calcinée,
        10 fuschine rouge soluble à l'eau,
        400 mine de plomb noire. Vitriol (quan-
                tité ordinaire.)

Se rapporter pour chaque teinture aux observations capitales relatives au foulage. Dresser à l'eau claire acidulée au vitriol.

28° Violet Impérial (*12 chapeaux.*)

Mettre à fondre dans la foudre :

        800ᵍ carmin d'indigo,
        60 fuschine rouge soluble à l'eau,
        60 alun raffiné,
        100 couperose calcinée,
        Vitriol (quantité ordinaire.)

Même procédé que précédemment pour la manipulation, le foulage, le dressage, etc.

29° Vert foncé (12 chapeaux.)

Faire fondre pendant une ébullition de 30 mi
nutes :

> 500ᵍ d'orseille,
> 500 curcuma,
> 400 extrait de bois jaune.

Passer au tamis et remettre dans la foule, en
ajoutant, fondus séparément :

> 30ᵍ acide pycrique,
> 600 carmin d'indigo,
> 250 couperose calcinée,
> 40 verdet gris,
> 1ᵏ » extrait de châtaignier,
> 200 composition brute d'indigo,
> 100 alun raffiné.

30° Si l'on désire un *vert* plus foncé, on ajoutera :

> 1ᵏ plombagine noire.

Mêmes observations relatives au vitriol, au dressage, à l'acidulation de l'eau que pour le *noir-bleu.*

31° Marron foncé (12 chapeaux).

Mettre fondre ensemble :

> 500ᵍ extrait de bois jaune,
> 400 curcuma,
> 400 extrait de campêche,
> 5ᵏ » orseille qu'on a fait bouillir à part
> pendant demi-heure.

Passer au tamis comme ci-dessus; remettre le clair dans la foule et y fondre séparément :

    25ˢ acide pycrique à l'eau chaude,

    150 composition brute d'indigo,

    100 couperose calcinée,

    100 cochenille fondue à l'eau chaude,

    140 alun raffiné,

    20 centilitres d'acide muriatique.

32° Si l'on désire plus foncé, ajouter :

    1ᵏ plombagine noire.

On amène les chapeaux à un doigt de rentrée; ils doivent être bleuâtres. Donner une plongée de 30 minutes, les mettre à la taille, les replonger demi-heure et finir en opérant comme pour le *noir-bleu*, c'est-à-dire que, si on foulait avec du vitriol ou avec de l'acide muriatique on obtiendrait deux nuances différentes.

33° Grenat (*12 chapeaux*).

Fondre :

    4ᵏ » d'orseille,

    150ˢ cochenille naturelle,

    100 curcuma déjà bouilli pendant 30 minutes,

    300 extrait jaune.

Passer au tamis, remettre dans la foule et y ajouter :

    15ˢ acide pycrique fondu à chaud,

    125 composition brute d'indigo,

100: couperose calcinée,
200 alun raffiné,
10 fuschine rouge soluble à l'eau.

Fouler et opérer en tout comme pour les formules qui précèdent, surtout en ce qui est relatif aux acides comme pour le *marron*.

34° Castor brun *(12 chapeaux)*.

Dissoudre au bain en ébullition, pendant 30 minutes :

500: cachou brun,
500 terre de Cologne,
100 cochenille préparée,
300 extrait jaune,
200 extrait de campêche,
1ᵏ » » orseille.

Passer au tamis, remettre dans la foule et ajouter :

50: composition brute d'indigo,
50 couperose calcinée,
50 alun raffiné,
50 crème de tartre,
20 centilitres acide muriatique.

35° Si l'on veut plus *brun* on additionnera le bain de :

500: mine de plomb.

Même procédé de manipulation, et toujours observer qu'aux plongées, le liquide soit en pleine ébullition.

36° Castor n° 2 *(12 chapeaux.)*

Faire bouillir pendant 30 minutes :

> » 250ᵉ cachou brun,
> » 200 terre de Cologue,
> » 150 extrait jaune,
> 1ᵏ» » orseille,
> » 500 garance.

Passer au tamis, etc., et ajouter :

> » 25ᵉ composition brute d'indigo,
> 1ᵏ» » plombagine noire,
> » 50 alun raffiné,
> » 20 centilitres acide muriatique.

Opérer comme précédemment.

37° Havane doré *(12 chapeaux.)*

Fondre dans un baquet spécial :

> » 25ᵉ composition brute d'indigo,
> » 100 alun raffiné,
> 1ᵏ 250 orseille,

Toutes à l'avance dans { » 150 extrait jaune,
1 litre d'eau : { » 150 cachou brun pilé,

> » 500 garance d'Avignon,
> » 500 curcuma,
> » 500 plombagine noire,

Ajouter : » 20 centilitres acide muriatique étendu d'eau.

Bien remuer le tout ensemble, et mettre ce composé dans la foule. Faire avancer à un doigt de rentrée. Faire bouillir les 12 chapeaux ensemble pendant 35 minutes ; les mettre à la taille et les égouter sur une eau claire acidulée (acide muriatique.)

37° (bis). Havane extrà (12 chapeaux.)

Prendre :

          1k 250g orseille,
          » 150 extrait jaune,
          » 150 cachou brun,
          » 500 garance,
          » 500 curcuma.

Faire bouillir demi-heure, tamiser, remettre dans le récipient et ajouter :

          25g composition brute,
          50 alun raffiné,
          500 plombagine noire,
          20 centilitres acide muriatique.

Opérer à la foule et partout comme pour le *noir-bleu.*

38° Lord Byron (12 chapeaux.)

Fondre pendant demi-heure, en eau bouillante :
          5k » orseille,
          300g cochenille ammoniacale.

Tamiser, remettre le liquide clair et ajouter :

100^s couperose calcinée,
100 alun raffiné,
500 composition brute.

Même procédé que le *bleu-noir*, seulement n'y point introduire d'acide.

39° Monloff clair (*12 chapeaux.*)

250^s terre de Cologne,
125 sandal,
250 plombagine rouge (sanguine.),
250 — noire,
250 orseille.

Fouler au Vitriol ou à l'acide muriatique à dose de 20 centilitres, on obtiendra ainsi deux nuances différentes. Procédés ordinaires.

40° Victoria foncé (*12 chapeaux*).

100^s cachou brun pilé,
400 orseille.

Laisser bouillir demi-heure, passer au tamis, remettre dans la foule et ajouter :

100^s roccou fondu,
100 terre de Cologne,
200 plombagine noire.

En employant au foulage l'un ou l'autre des acides, on obtiendra deux nuances. Même manipulation et même surveillance de l'opération que pour les *bleus-noirs*.

41° Avenir clair *(12 chapeaux).*

> 100ᵍ cachou brun pilé,
> 250 garance,
> 50 sandal.

Faire bouillir demi-heure et fouler au vitriol.

42° Avenir foncé *(12 chapeaux).*

Fondre pendant demi-heure, en bouillant :

> 325ᵍ cachou brun pilé,
> 250 orseille,
> 250 sandal.

Tamiser soigneusement, remettre dans la chaudière en ajoutant :

> 250ᵍ terre de Cologne,
> 250 plombagine rouge,
> 500 — noire,
> 125 roccou.

Aciduler comme pour les *Victoria* et fouler comme pour les *blous-noirs*.

V

TEINTURE DES POILS DE LAPINS, DE LIÈVRES,
ETC.

OBSERVATION CAPITALE : On doit, avant tout, viser à éviter le feutrage des poils, quelle que soit leur nature. Il faut donc n'employer que des matières *veules* et non *soufflées*, ou bien leur enlever, avant toute autre opération, le mercure latent que contient la marchandise. Pour cela, il suffit de passer les poils dans un bain d'eau presque bouillante, dans lequel on introduira 250ᵉ de cristaux de soude pour chaque pesée de poil de 5ᵏ.

43° On mouille soigneusement le poil et on le lave à l'eau froide. Par ce procédé facile et peu coûteux. on est sûr qu'ils ne feutreront pas.

On observera que, pendant la teinture, l'eau conserve la température *minima* d'un léger bouillon ; en un mot, ne pas forcer le feu jusqu'à la grande ébullition.

On ne tournera point en cercle, mais on se bornera à *fondre* avec le bâton, c'est-à-dire que, le tenant verticalement, on entrera de haut en bas dans la matière qui se trouvera ainsi suffisamment divisée.

Rien ne vaut le poil *veule ;* ainsi, pour les nuances claires, *rouge, lilas, bleu, violet, havane,* etc., le blanc *veule* doit être préféré, le *gris* pouvant convenir à toutes les autres teintes.

Je crois devoir insister sur la première observation au sujet de la démercurisation du poil ; le procédé est infaillible, et le poil *secreté* ne contient plus trace de son *secret* (mercure). Si le terrible corrosif n'était pas expulsé par les cristaux de soude, la partie acide qui, précisément, provoque et facilite le feutrage à la teinture, empêcherait l'action régulière et économique de l'opération et nécessiterait un travail nouveau très-onéreux et pouvant produire une perte réelle.

Tous mes efforts tendent, dans mes observations et dans mes formules à garantir également la supériorité de la marchandise et la fortune des fabricants.

Nota : Il est important, quand le poil a bouilli doucement pendant un certain temps, d'arrêter le feu et de laisser refroidir jusqu'au lendemain.

VI

TEINTURE TECHNIQUE

—

43° *(bis)*. **Noir solide à l'acide** (*8 kilos de poil, 24 seaux d'eau*).

    80ᵣ bleu de Lyon soluble (E.-S.)
    100 alun raffiné,
    1ᵏ » orseille,
    1   » extrait de campêche,
    « 400 tartre rouge.

Faire bouillir le poil une heure, le passer au tamis, remettre le bain dans la chaudière, remplir le manquant avec de l'eau et ajouter :

    2ᵏ 500ᵣ extrait de campêche,
    1   » curcuma bouilli,
    » 250 vitriol bleu,
    1 200 couperose,
    10 litres pyrolignite.

Donner deux plongées d'une heure, laisser bien éventer ou laisser passer la nuit sur la troisième plongée, ce qui serait préférable.

Le lendemain, laisser surmonter une heure et les laver à fond.

Sur un bain nouveau, faire fondre :

200ᵍ chromate de potasse.

Rentrer le poil dès que l'eau sera chaude et mener la chaudière jusqu'au bouillon, ce qui peut demander demi-heure. Le sortir, laisser égoutter et sécher sans laver.

Nota : L'orseille et le curcuma doivent être bouillis séparément dans une petite chaudière pour qu'on puisse séparer la grappe.

La première formule du fond bleu peut servir à obtenir un *bleu solide* et très-beau.

44° Noir-noir, solide à l'acide *(10 kilos de poil, 24 seaux d'eau.)*

Premier bain. — Faire fondre simultanément :

250ᵍ chromate de potasse,
250 couperose calcinée,
50 vitriol bleu,

Faire bouillir le poil pendant une heure et demie; bien le laver après avoir passé au tamis et changer le bain.

Deuxième bain. — Faire dissoudre dans nouveau bain chauffé :

3ᵏ 500ᵍ extrait de campêche,
» 600 extrait jaune,
1ᵏ » cachou brun pilé.

On fera bouillir séparément : 2 kilos d'orseille que l'on passera au tamis pour en enlever la *grappe*; jeter cette décoction claire d'orseille dans la chaudière et ajouter :

> 600ᵉ verdet gris en poudre,
> 500 couperose calciné,
> 5 litres pyrolignite de fer.

Que la fondue soit parfaite. Donner deux plongées d'une heure chacune; mettre à l'air pour que la liaison chimique des matières tinctoriales fasse surmonter la teinte; attendre que le poil soit froid, et à la deuxième plongée ajouter :

> 500ᵉ couperose calcinée.

Faire bouillir doucement pendant une heure; arrêter le feu et laisser le poil refroidir pendant toute la nuit dans le liquide. Le lendemain on sortira au tamis, on lavera soigneusement et on procédera au troisième bain.

Troisième bain. — Dans une chaudière d'eau propre et chaude, on jette fondu dans le cassin :

> 200ᵉ chromate de potasse.

Précipiter le poil, amener jusqu'au bouillon, le sortir et sécher sans laver.

Ces noirs sont de la plus grande solidité et de nuance franche.

Si l'on foulait pour des *chinés* soit au vitriol, soit à l'acide muriatique et que l'action de ces caustiques détériorât, au foulage, la vivacité du noir, on attendra jusqu'au dressage des chapeaux. Alors, on pren-

dra un baquet de 10 litres d'eau tiède dans laquelle
on versera :

> 2 verres à liqueur d'ammoniac liquide ou
> 25 grammes cristaux de soude.

On passera les chapeaux dressés dans ce bain pendant 4 ou 5 minutes seulement, et aussitôt la couleur reprendra tout son éclat. On rincera à l'eau froide. Ce système infaillible d'avivage ne s'applique qu'au *noir-noir*, au *marron*, à toutes les nuances *castor*, mais seulement dans la teinture des poils.

On peut fouler ce noir au vitriol ou à l'acide muriatique.

45· Noir tombant rouge au vitriol *(10 kilos et 24 seaux d'eau.)*

Faire fondre :

> 1ᵏ 500ᵍ extrait de campêche,
> 200 — jaune,
> 1 » galle d'alep écrasée ou 2 kilos galle
> du pays,
> 5 » orseille.

Faire bouillir une heure, passer au tamis, revider dans la chaudière et ajouter :

> 500ᵍ verdet gris en poudre,
> 500 couperose calcinée pilée.

Jeter le poil dans le bain, l'y laisser une heure; le

sortir et le mettre à l'air; ajouter, pendant ce
temps :

> 500ᵉ extrait de campêche,
> 500 couperose calcinée.

Donner deux plongées d'une heure. Laisser le poil
toute la nuit si c'est possible. Mettre deux heures à
l'air pour obtenir, ici encore, le surmontage de la
teinte; laver et faire sécher.

En tout, trois plongées.

46. Noir tombant jaune au vitriol *(10 kilos, 24 seaux d'eau.)*

Premier bain. — Mettre ensemble :

> 1ᵏ curcuma,
> 1 orseille,
> 1 extrait de campêche.

Bouillon de trente minutes; couler au tamis et
ajouter :

> 100ᵉ crème de tartre ou
> 250 tartre rouge.

Plonger le poil pendant une heure en le faisant
bouillir. Tamiser le poil et préparer le

Deuxième bain. — Mettre en ébullition sur le premier bain :

> 1ᵏ 500ᵉ extrait de campêche,
> 1 » galle d'alep, écrasée dans un sac
> en canevas.

Faire bouillir une heure et fondre pendant ce temps :

500ᵍ verdet gris pulvérisé,

500 couperose calcinée pilée.

Mettre le poil à bouillir pendant une heure, le lever au tamis, le mettre à l'air et dissoudre en attendant :

500ᵍ extrait de campêche,

500 couperose calcinée.

Donner deux plongées d'une heure chaque. Pour la dernière qui est la troisième, on fera bien, si l'on peut, d'y laisser le poil passer la nuit; mettre à l'air après chaque plongée et laisser passer deux heures avant le lavage.

47° Marron foncé-solide *(10 kilos, 24 seaux d'eau.)*

Premier bain (mordant). — Fondre à l'eau chaude :

250ᵍ chromate de potasse,

150 couperose calcinée pilée,

50 vitriol bleu.

Faire bouillir le poil pendant une heure, le sortir, le laver.

2ᵉ bain, sur nouvelle eau bouillante :

3ᵏ orseille,

3 cachou,

1 extrait de campêche,

1 extrait jaune,

1 — de châtaignier.

Faire bouillir ensemble trois quarts d'heure ; passer au tamis, vider dans la chaudière et ajouter :

800ᵍ alun raffiné,
200 vitriol bleu,
500 couperose calcinée.

Précipiter le poil et laisser bouillir pendant une heure ; le sortir, le mettre à l'air et ajouter au bain :

500ᵍ couperose calcinée pilée.

Remettre le poil à bouillotter pendant une heure et demie. Arrêter le feu et laisser la marchandise passer la nuit dans la chaudière. Au matin, l'en sortir au tamis, la laisser surmonter à l'air pendant une heure et laver.

Voir, pour l'avivage, les observations qui suivent le formulaire de teinture du *noir-solide*.

48° Marron doré-solide *(5 kilos, 10 à 12 seaux).*

1ᵉʳ bain : mettre dans la chaudière garnie :

4ᵏ » cachou,
2 » garance,
» 50ᵍ acide pycrique.

Faire bouillir une heure, couler au tamis et ajouter :

100ᵍ crême de tartre.

Activer le bouillon en y laissant le poil de une heure et demie à deux heures ; l'y laisser encore *tirer* deux nouvelles heures ou mieux toute la nuit, mais

4

sans ébullition. Sortir sans laver. (Ce 1ᵉʳ bain peut resservir si on a soin de le garder dans un vase spécial.)

2° *bain :* faire chauffer l'eau claire, qui recevra :

250ˢ chromate de potasse.

Mettre le poil et chauffer jusqu'à ce qu'on soit arrivé à la nuance qu'on désire; à ce point, lever le poil et le laver légèrement; faire sécher.

Comme base de bonne opération, on doit se fixer, pour le dosage des drogues nécessaires à l'obtention des nuances qui suivent, à l'échelle des quantités fixées dans cette formule.

49° Si l'on désirait un *marron foncé*, on ajouterait, au *premier bain* seulement, sans rien changer au mordant :

500ˢ extrait de campêche,
100 couperose calcinée pilée.

50° Si, au contraire, on veut *plus doré,* on ajoutera au premier bain, sans toucher au mordant :

1ᵏ fustel.

51° Pour le *havane,* diminuer de moitié les drogues et mordant (chromate du premier bain).

52° On ne diminuera que d'un quart drogues et chromate si l'on veut obtenir *noisette, castor, brun.*

On sait que la crème de tartre porte au *jaune doré;* toutes ces nuances sont de la plus grande solidité et s'avivent en passant les chapeaux sortant de la foule dans l'alcali.

53ᵒ Écarlate *(10 kilos poil blanc, 24 seaux d'eau).*

1ᵉʳ *bain :* faire bouillir pendant demi-heure :

8ᵏ orseille.

Passer au tamis; remettre dans la chaudière et faire fondre, chaque drogue séparément et à l'eau chaude :

300ᵍ cochenille naturelle pulvérisée,
10 acide pycrique.

Vider dans la chaudière; ajouter, après avoir fondu dans le cassin :

400ᵍ crème de tartre,
400 alun raffiné.

Mettre le poil bouillir pendant deux heures; arrêter le feu et laisser *tirer* deux nouvelles heures sans ébullition.

2ᵉ *bain :* S'assurer que la chaudière est bien propre; la charger, mettre l'eau en ébullition et y ajouter :

1ᵏ composition d'écarlate (1)

Plonger le poil. Plus on chauffera, en laissant le poil dans la composition, et plus la nuance sera rouge et vive.

Rincer et sécher à l'ombre. Grands soins de propreté.

---

(1) On obtient la *physique* écarlate en combinant moitié acide nitrique et moitié eau naturelle par litre, et en y ajoutant 150ᵍ étain en rubans qu'on fait dissoudre peu à peu.

4° Autre rouge *(10 kilos blanc ou lièvre, 24 seaux d'eau).*

1er bain : faire bouillir demi-heure :

8ᵏ orseille.

Couler au tamis; fondre séparément à l'eau chaude :

10ˢ acide pycrique,
500 alun raffiné.

Faire bouillir le poil pendant 2 heures, le retirer et changer la chaudière.

2e bain : chauffer et aviver quand le liquide sera chaud, sans ébullition, avec :

100ˢ oxyde muriaté d'étain,
25 centilitres vitriol.

Mettre le poil, remuer de haut en bas, verticalement, et sans faire bouillir; attendre la nuance qu'on désire.

Rincer et sécher à l'ombre.

55° Cramoisi fin *(5 kilos, blanc ou lièvre, 12 seaux d'eau.)*

Charger la chaudière et la tenir jusqu'à l'ébullition et, en attendant, faire dissudre :

75ˢ de fuchine rouge soluble à l'eau.

Tenir à une ébullition douce. Y mettre le poil pendant une heure et demie. Le retirer, le sécher à l'ombre sans lavage.

56° Violet au muriate *(5 kilos, 12 seaux d'eau.)*

Faire bouillir pendant une heure :

$$4^k » »~\text{bois de campêche,}$$

Couler au tamis et ajouter : »   50ᵍ muriate d'étain,
»   100 sel d'étain.

Mettre le poil au bouillon pendant une heure et demie ; le laisser *tirer* toute la nuit dans la chaudière. Laver légèrement et sécher.

57° *Nota*. — Si l'on désire un violet tirant sur le rouge on ajoutera au campêche :

$$1'\text{kil. orseille.}$$

Même procédé de tirage, de lavage, etc.

58° Violet bon teint *(5 kilos, 12 seaux d'eau.)*

Physique de cette nuance. La *physique* du violet bon teint s'obtient en mettant dans un matras ou vase en grès :

»   500ᵍ acide nitrique.
$$1^k »~\text{muriatique,}$$

Y ajouter peu à peu :

$$150^g \text{ étain effilé.}$$

Avant d'introduire l'étain on fera bien de mettre dans la *physique* une pincée de sel ammoniac. On laissera reposer jusqu'au lendemain,

La proportion de cette *physique*, pour 150 litres d'eau, est de :

$$4^k \quad \text{»} \quad \text{acide nitrique,}$$
$$8 \quad \text{»} \quad - \quad \text{muriatique,}$$
$$\text{»} \quad 29^s \text{sel ammoniac,}$$
$$1\ 200 \quad \text{étain éfilé.}$$

Le tout dissous dans un matras comme il a été dit précédemment.

FORMULE pour la teinture du violet bon teint. :

Dans la chaudière contenant 150 litres d'eau, on mettra :

$$\text{10 kil. bois de campêche coupé d'Espagne}$$
$$\text{(pas d'extrait.)}$$

Faire bouillir une heure, passer au tamis et verser dans un tonneau *ad hoc* et toujours en bois, on le comprend, pour éviter l'action oxidante des acides sur les parois métalliques des tonneaux en cuivre, en fer ou en étain, etc. Laisser refroidir entièrement.

Verser, alors seulement, la dissolution mordante de la veille ; ne pas se presser et tourner avec un bâton, et toujours dans le même sens le bain de campêche additionné de la *physique*. Après un temps qu'on appréciera, on trempera le bout du bâton dans la composition et l'on l'égouttera par terre. Si les gouttes répandues ne s'agitent pas en grésillant, on ajoutera :

$$\text{1 litre 75}^c \text{ acide muriatique que l'on}$$
$$\text{versera en tournant toujours.}$$

Cette préparation peut servir et se conserver indéfiniment. Si l'on voit qu'elle s'affaiblit à l'œuvre, on additionnera la *physique* dans toutes les drogues ou produits qui la composent.

TEINTURE du *violet bon teint.*

On mouillera le poil à l'eau pure et attentivement; on le sortira, on le laissera bien égoutter, et on le mettra en *physique* pendant 24 heures. A la sortie, on égouttera au tamis sur la *physique* même. On lavera légèrement.

PROCÉDÉ. — On fera bouillir pendant une heure :

4^k bois de campêche.

Si l'on désire un *violet bleu,* ajouter :

50^g sel d'étain.

Si, un *violet à reflets rouges,* ajouter après le sel d'étain :

100^g alun raffiné.

Mettre le poil pendant une heure, le sortir et le laver.

59° On obtiendra un *joli violet* également solide, par les mêmes moyens qui précèdent, en ajoutant seulement au bain :

25^g bleu de Lyon soluble.

Cette teinte se fixe sans acide, et rien que par la mise en *physique*.

60° **Violet à la fuschine** *(10 kilos blanc, 24 seaux d'eau.)*

La chaudière bouillonnant, fondre dans le cassin :

150ᵍ violet-rouge de fuschine soluble.

Mettre le poil pendant une heure et demie, l'y laisser bouillir en ajoutant :

25 centilitres d'acide acétique.

Bien remuer et laisser *tirer* au refroidissement pendant 2 heures. Sortir, faire sécher à l'ombre sans laver.

61° **Mauve** *(3 kilos blanc, 6 seaux d'eau.)*

Suivre le procédé précédent, avec la même drogue et même acide en additionnant, seulement de

20ᵍ fuschine violette rouge soluble.

Même manipulation.

62° *Nota.* — On obtient une autre nuance *mauve* de la même manière absolument, sauf à arrêter l'ébullition à l'instant où la teinte qu'on désire se manifeste.

63° **Anémone** *(5 kilos, 12 seaux d'eau).*

Attendre que l'eau soit bouillante et y fondre :

30ᵍ fuschine violette-rouge soluble,
20 bleu de Lyon soluble.

Bouillir le poil pendant une heure; ne rien ajouter. Laisser *tirer* pendant 2 heures; sortir et sécher à l'ombre sans laver.

64º Magenta (*5 kilos, 12 seaux d'eau*).

1er bain : Laisser arriver l'eau à l'ébullition et fondre séparément :

> 350ᵍ cochenille préparée,
> 200 crême de tartre,
> 25 centil. dissolution d'écarlate.

Faire bouillir le poil une heure; le sortir, le laver légèrement et changer le bain comme suit :

2e bain : fondre à chaud :

> 25ᵍ fuschine violet-bleu soluble,

Bouillir le poil une heure; sortir et sécher à l'ombre sans laver.

65º Bleu de ciel solide (*3 kilos blanc, 12 seaux d'eau*).

Mettre à fondre dans l'eau bouillante :

> 25ᵍ bleu de Lyon soluble.

Y jeter le poil et l'y laisser pendant une heure. Pour enlever le violet que contient le bleu de Lyon, on ajoutera au bain :

> 2 verres à liqueur acide sulfurique.

Remuer, laisser bouillir demi-heure et *tirer* 2 heures sans ébullition: retirer, sécher à l'ombre sans laver.

66° *Nota.* — En forçant en bleu de Lyon et en procédant de la même manière, on obtiendra un *bleu de France* très-beau.

67° Bleu impérial (*5 kilos blanc, 12 seaux d'eau*).

Faire décocter à beau feu, pendant demi-heure :

1ᵏ orseille.

Tamiser, remettre au bain et ajouter :

250ᵍ alun raffiné.

Faire bouillir le poil une heure, et suivant la nuance que l'on désire, faire fondre dans le cassin de :

60 à 100ᵍ bleu de Lyon soluble.

Remuer en versant et, après un quart d'heure, ajouter, en remuant toujours et de haut en bas :

10 ou 15 centil. vitriol étendu d'eau.

Laisser bouillir une heure, sortir, laver légèrement, sécher à l'ombre.

68° Violet impérial n° 1 (*5 kilos blanc, 12 seaux d'eau*).

1ᵉʳ bain : Fondre au bouillon :
300ᵍ carmin d'indigo,
80 alun raffiné.

Faire bouillir le poil demi-heure, ajouter, fondu dans le cassin :

80ᵉ bleu de Lyon soluble,

10 ou 15 centil. acide sulfurique étendu d'eau froide.

Continuer l'ébullition trois quarts d'heure; laisser *tirer* une heure au refroidissement, sortir et changer le bain.

2ᵉ bain : fondre à chaud :

80ᵉ fuschine violet-rouge soluble,

Mettre dans la dissolution :

10 ou 15 centil. acide acétique,

Faire bouillir le poil encore un quart d'heure ; arrêter le feu, laisser *tirer* une heure, sortir le poil et l'étendre à l'ombre sans le laver.

69° **Violet impérial** n° 2 *(5 kilos blanc, 12 seaux d'eau).*

Dans le bouillon, faire fondre :

400ᵉ carmin d'indigo,

100 alun raffiné.

Faire bouillir le poil pendant demi-heure et ajouter :

50ᵉ fuschine violet-rouge soluble.

Remuer et continuer l'ébullition pendant un quart d'heure. Ajouter :

20 à 25 centil. acide acétique.

Bouillir encore un quart d'heure. Laisser *tirer* une heure sans ébullition ; sortir sans lavage et faire sécher à l'ombre.

70° Bleu céleste à l'indigo (*5 kilos blanc, 12 seaux d'eau*).

Au bouillon, fondre :

500ᵉ carmin d indigo,
100 alun raffiné.

Bouillir le poil une heure; sortir, laver légèrement et sécher à l'ombre.

71° Vert à l'indigo (*5 kilos blanc, 12 seaux d'eau*).

Mettre dans l'eau bouillante :

25ᵉ acide pycrique,
150 composition brute d'indigo,
50 alun raffiné.

Faire bouillir le poil une heure et demie, laver légèrement. Plus on voudra que la teinte soit foncée, plus on augmentera le dosage des drogues.

Nota. — Cette nuance, ainsi que les trois qui précèdent, *fondent* au foulage des chapeaux.

72° Vert-olive à l'indigo (*5 kilos, 10 seaux d'eau*).

Faire bouillir pendant demi-heure :
500ᵉ orseille.

Passer au tamis, remettre le clair dans la chaudière et ajouter :

30ᵍ acide pycrique,

150 ou 200 composition brute d'indigo,

80 alun raffiné.

Faire bouillir le poil pendant une heure et demie. Vers la fin de l'opération, on ajoutera :

200ᵍ couperose calcinée.

Couvrir le feu et laisser le poil *tirer* une heure; le sortir, le faire *remonter* à l'air pendant demi-heure; laver et sécher.

73ᵒ Vert au bleu de Lyon, *solide (5 kilos, 12 seaux d'eau).*

Dans l'eau en ébullition, mettre :

400ᵍ curcuma,

25 acide pycrique.

Ajouter du bleu de Lyon soluble en le dosant à vue d'œil, suivant la nuance qu'on désire obtenir. Ajouter :

20 à 25 centil. de vitriol.

Bouillonner le poil pendant une heure; sortir, laver légèrement et sécher à l'ombre.

74ᵒ Courges *fondant (5 kilos blanc ou gris, 12 seaux d'eau).*

4ᵏ » orseille,

« 500ᵍ curcuma.

Faire bouillir demi-heure, tamiser, remettre en chaudière et ajouter :

500ᵍ alun raffiné.

Bouillir le poil une heure, et, sans le sortir, vider dans le bain :

20 à 25 centil. vitriol étendu d'eau froide.

Remuer le poil et le sortir un quart d'heure après l'introduction de l'acide; rincer et sécher. Si l'on veut plus *doré* on forcera en jaune.

75° Lord Byron, *solide (5 kilos gris, 10 seaux d'eau).*

Mouiller le poil dans l'eau bouillante comme pour le *violet*. Egoutter, mettre en *physique* pendant 24 heures; réégoutter sur la *physique* et rincer légère-ment.

Faire fondre dans la chaudière surchauffée :

5ᵏ » orseille,
» 400ᵍ carmin d'indigo,
1 » extrait de campêche.

On peut remplacer le carmin d'indigo par 100ᵍ bleu de Lyon soluble. La teinte n'en sera que plus solide.

Passer au tamis et ajouter :

300ᵍ couperose calcinée,
30 sel d'étain.

Donner deux plongées d'une heure en modérant l'ébullition. Faire remonter à l'air demi-heure, laver et sécher.

76° Ardoise, *fondant (10 kilos gris, 24 seaux d'eau).*

Faire bouillir une heure :

> 3ᵏ bois de campêche.

Couler et ajouter :

> 6 litres *physique* naturelle violette,
> 250 à 300ᵍ carmin d'indigo,
> 100 alun raffiné.

Mettre le poil en ébullition d'une heure, et sans le sortir; ajouter :

> 100ᵍ couperose.

Laisser bouillir encore un quart d'heure. Si la nuance n'était pas assez bleutée, y mettre du carmin seulement. L'opération faite, sortir, laver et sécher.

77° Autre ardoise *(5 kilos gris, 12 seaux d'eau).*

On fera bouillir, pendant 30 minutes :

> 5ᵏ orseille.

Passer au tamis, reverser dans le bain et ajouter :

> 500ᵍ composition brute d'indigo,
> 250 alun raffiné,
> 250 couperose calcinée.

Bouillir le poil environ une heure et demie et attendre que le rouge et le bleu se couvrent mutuellement si on veut obtenir un beau et véritable *gris-ardoise*. Laver et sécher.

76° Ardoise au cachou (*5 kilos gris, 10 seaux d'eau*).

1er bain : Fondre au bouillon :

      2ᵏ   » cachou,
      1ᵏ ou 800ᵍ extrait de campêche.

Laisser le poil macérer au bouillon ardent pendant une heure et demie et laisser *tirer* de 3 à 4 heures. Sortir sans laver ; égoutter soigneusement.

2° bain (nouvelle eau).

Porter au bouillon et y fondre :

      250ᵍ chromate de potasse.

Y bouillir le poil une heure, le sortir, rincer et sécher.

77° Bouton d'or (*5 kilos blanc, 12 seaux d'eau*).

1er bain : fondre au bouillon :

      80ᵍ chromate de potasse,
      25 vitriol bleu.

Bouillir une heure, laver légèrement et changer le bain.

2e bain : faire bouillir une heure :

      2ᵏ 500ᵍ bois de fustel,
      » 200 curcuma,
      1 500 cachou,
      1 » garance,
      » 500 sandal,
      » 250 extrait de campêche.

Couler et remettre dans la chaudière ; bouillir le poil une heure et demie.

78° Si l'on trouvait la nuance un peu rouge on y ajouterait :

> 2 cassins campêche bouilli,
> 50ᵉ couperose calcinée.

Mettre à l'air demi-heure, laver et sécher.

VII

TEINTURE DE LA PAILLE

Observation générale à toute la teinture de la paille en chaumes ou en chapeaux :

79° On doit commencer, avant tout, par faire bouillir la paille à l'eau pure pendant demi-heure avant la teinture pour en enlever tous les principes végétaux qu'elle contient.

En toute opération, préférer le bois à l'extrait.

80° **Noir** (*50 chapeaux, 10 seaux d'eau*).

Faire bien bouillir :

> 4ᵏ » campêche d'Espagne,
> » 300ᵉ curcuma.

Mettre les chapeaux ou la paille en brins et laisser une heure en bouillonnement. Ne pas laver et les mettre dans l'eau de rouille pesant 5° à l'acido-métre (1). Les y laisser passer la nuit et le lendemain les laver en rinçant et faire sécher.

81° **Marron** (*50 chapeaux, 10 seaux d'eau*).

Faire bouillir activement et à fond :

2^k » bois jaune,
» 500ᵍ curcuma,
2 » orseille,
» 300 garance,
» 250 extrait de campêche.

Et ajouter :

100ᵍ alun raffiné,
100 crême de tartre.

Faire ébullitionner la paille jusqu'à ce qu'elle soit rouge ; rincer et mettre dans l'eau de rouille, comme il a été dit plus haut, en observant que l'eau de rouille employée pour le *marron* ne doit servir que pour cette nuance. Bien remarquer que la paille ne fonce pas trop. Une heure et demie ou deux heures au plus du bain de rouille doivent suffire.

(1) L'eau de rouille s'obtient en prenant de la rouille ordinaire (oxyde de fer) que l'on coupe de six fois sa quantité du poids d'eau froide. Exemple : 500ᵍ de rouille, 6 litres d'eau. L'eau de rouille conserve toujours ses propriétés si on a soin d'augmenter de temps en temps avec de la rouille naturelle ; on la conserve dans une barrique spéciale.

82° Si cependant on désire une teinte plus intense, on additionnera le bain tinctorial de :

100ᵍ extrait de campêche.

Si, au contraire, on veut plus *doré*, ajouter :

500ᵍ curcuma.

Si, plus *rouge* :

1ᵏ orseille.

Si, au sortir de l'eau de rouille, la nuance tourne au brun plus ou moins foncé, on rincerait à l'eau froide d'abord, et, après les avoir passés à l'eau tiède, les soumettre une ou deux minutes à l'action acide d'un bain de 10 litres eau tiède et

5 centil. vitriol.

Rincer immédiatement à l'eau froide.

83° **Autre marron** (*50 chapeaux, 10 seaux d'eau*).

Faire fondre au bouillon :

2ᵏ » » orseille,
» 250ᵍ extrait de campêche.

Ajouter, la fondue étant bien liée :

50ᵍ Acide pycrique,
100 alun raffiné,
100 crème de tartre.

Suivre pour l'opération le même procédé que ci-dessus, et même réserve pour l'eau de rouille.

84° Bleu (*50 chapeaux, 10 seaux d'eau.*)

Fondre :

> 400ᵉ carmin d'indigo,
> 100 alun raffiné,
> 50 bleu de Lyon soluble.

Bouillir la paille une heure, la sortir, ajouter :

> 8 centilitres vitriol étendu d'eau froide.

Remettre la paille, et laisser *tirer* toute la nuit sans ébullition.

85° Vert (*50 chapeaux, 20 seaux d'eau.*)

A l'eau bouillante, faire fondre :

> 300ᵉ carmin d'indigo,
> 50 bleu de Lyon soluble,
> 50 acide pycrique,
> 400 curcuma.

Ces drogues ayant bouilli, ajouter :

> 100ᵉ alun raffiné.

Faire bouillir la paille une heure ; additionner de 8 centilitres vitriol étendu d'eau.

Pour le *vert plus foncé, plus plein, pourri,* mettre au bain :

> 200ᵉ orseille,
> 1 litre de pyrolignite.

Passer au tamis, replonger une heure et procéder comme pour le *bleu.*

LETTRE - POST-FACE[1]

A Monsieur P. Bertrand, teinturier-chimiste,

139, rue du Tondu,

BORDEAUX.

« *Labor omnia vincit, improbus.* »

Je ne saurais assez me réjouir, honoré Monsieur, de ce que les hasards de mes continuelles promenades à travers le Monde m'aient donné le plaisir de faire votre connaissance et de pouvoir apprécier le précieux opuscule que vous avez préparé dans l'intérêt généreux de la fortune des teinturiers en chapellerie. J'ai encore pu étudier chez vous ceci, qui peut blesser votre modestie, mais que l'esprit de vérité m'arrache des entrailles *(sic)*. C'est que, personnellement, vous êtes un philanthrope libéral en même temps qu'un fils pieux.

Vous avez, avec un soin attentif, recueilli le butin de votre père qui, pendant plus d'un demi-siècle, en courageux pionnier de sa profession, a

---

(1) Traduit de l'allemand.

frayé un chemin semé des meilleurs fruits de son
expérience ; puis, ramassant ce trésor, et au lieu
de l'enfouir, vous le distribuez avec une noblesse
qui égale votre désintéressement. Cela est bien,
très bien, mon jeune maître, et vous serez payé
au centuple parce que dans la morale pratique de
toutes les religions il est dit : *Dieu bénit le fils
béni par son père !*

Entrant dans l'étude technographique de votre
Manuel, je n'ai encore que des louanges à vous
adresser, car votre œuvre se recommande à la
fois par la sagacité de vos formules et la simplicité économique de vos procédés, sur lesquels je
me promets de revenir, avec l'autorité que me
donnent cinquante-cinq années de professorat
dans les chaires les plus autorisées en Alle-
magne, de chimie et physique industrielles. En
attendant, permettez-moi de me rajeunir, en re-
venant jusqu'au berceau de votre estimable profession.

Il est certain pour moi que, du moment même
où un lambeau d'étoffe remplaça la feuille de
vigne légendaire, l'amour du beau, chez l'homme,
et le sens de coquetterie native, chez la femme,
portèrent les grands aïeux de l'humanité à em-
prunter à la flore encore vierge de l'Éden, les
merveilleuses et attractives nuances qui dia-
praient les champs du Paradis terrestre.

Aucune teinte ne manquait sur la divine palette et quand, après de longues successions de siècles, la science humaine émigra des plaines fleuries, dans les laboratoires des alchimistes, de nouvelles richesses tinctoriales, empruntées au sein même de la terre, vinrent enrichir l'art auquel vous vous êtes voué courageusement, mais au milieu d'un entourage de produits qui forment un trésor, dont la vue stupéfierait ces grands ancêtres qui ont noms : Roger Bacon, Albert-le-Grand, Raymond Lulle, Nicolas Flamel, Paracelse et, *tutti quanti,* géants de la veille, dont la taille a baissé devant la hauteur des découvertes modernes dues à cette pléiade célèbre de savants de tous les pays, et qui s'augmente chaque jour d'une étoile nouvelle, depuis mon compatriote Becher, Boerhaave (Hermann), de Leyde, Black, de Dublin, Margraff, de Berlin, l'anglais Priestley, Cavendisch, de Nice, Schéele, les français Lavoisier, Guyton, de Morvaux, Berthollet, d'Annecy, Robiquet, Berzelius, de Humbold, etc., etc., jusqu'aux sommités actuelles qui se disputent, avec une émulation toujours nouvelle, dans les Académies contemporaines d'Europe, d'Asie et d'Amérique, l'honneur d'apporter leur obole dans le Trésor merveilleux des arts utiles.

Eh bien ! vous aussi, Monsieur, dans votre grande humilité, vous êtes un vaillant auxiliaire

de ces princes du savoir et tous loueraient l'opi-
niâtreté avec laquelle vous tendez toujours à
allier l'économie à la perfection des produits, la
rapidité des opérations *(Times es money)*, vous
l'avez dit, à la vilité des prix de revient. Que
diraient les contemporains des Césars romains,
que dirait Suétone, si, le réveillant après 18 siècles, on lui montrait que vos teintures en pourpre,
par exemple, et pour cinquante et cent chapeaux,
reviennent à peine à quelques francs, lui qui,
supputant le prix du manteau de César-Auguste,
arrivait à compter que la mise en couleur seulement atteignait le chiffre exact, mais incroyable,
de *mille deniers*, c'est-à-dire *sept cents francs
de France* pour *une seule livre* de laine teinte en
pourpre de Tyr ?

Je le répète, Monsieur, votre tentative a été des
mieux inspirées et quand je songe à la facilité
avec laquelle vous établissez vos laboratoires,
contre les Capharnaülms antiques, je vous admire
et je vous félicite, en ayant bien garde de ne pas
oublier de vous complimenter pour avoir su réduire, sans modifier en rien le résultat de vos
opérations, le *pathos* du glossaire des anciens
teinturiers au langage ordinaire et la nomenclature interminable de jadis à une droguerie rai-
sonnable et à la portée de tous les expérimen-
tateurs.

Je serai toujours heureux, Monsieur, de recevoir de vos bonnes nouvelles, et en vous serrant les mains, je ne vous dirai pas avec le poète latin : *Euge, generose puer.* Courage, vaillant jeune homme ! Mais plutôt avec un proverbe danois : *La louange rend meilleur un homme de bien et le reproche rend le méchant plus mauvais.*

Ex imo cordis,

LUCK von HESS,

Ancien professeur émérite de chimie et physique professionnelles, pensionné, Chevalier de l'Ordre Royal et Impérial de l'Aigle de Prusse, etc.

Heidelberg, 3 août 1876.

TABLE DES MATIÈRES

Bordeaux. — Imp. J. Lamarque, rue Porte-Dijeaux, 43.

www.ingramcontent.com/pod-product-compliance
Lightning Source LLC
Chambersburg PA
CBHW071238200326
41521CB00009B/1523